聪颖宝贝科普馆

趣味科学启蒙，给孩子的贴心科普老师

发明创造

胡君宇 / 主编

辽宁美术出版社

图书在版编目(CIP)数据

发明创造 / 胡君宇主编. — 沈阳:辽宁美术出版
社, 2024.7
　　(聪颖宝贝科普馆)
　　ISBN 978-7-5314-9380-8

　　Ⅰ.①发… Ⅱ.①胡… Ⅲ.①创造发明—青少年读物
Ⅳ.①N19-49

中国版本图书馆 CIP 数据核字(2022)第 238231 号

出　版　者:辽宁美术出版社
地　　　址:沈阳市和平区民族北街 29 号　　邮编:110001
发　行　者:辽宁美术出版社
印　刷　者:唐山楠萍印务有限公司
开　　　本:889mm×1194mm　　1/16
印　　　张:5.5
字　　　数:40 千字
出版时间:2024 年 7 月第 1 版
印刷时间:2024 年 7 月第 1 次印刷
责任编辑:张　畅
装帧设计:宋双成
责任校对:郝　刚
书　　　号:ISBN 978-7-5314-9380-8
定　　　价:88.00 元

邮购部电话:024-83833008
E-mail:lnmscbs@163.com
http://www.lnmscbs.cn
图书如有印装质量问题请与出版部联系调换
出版部电话:024-23835227

目录

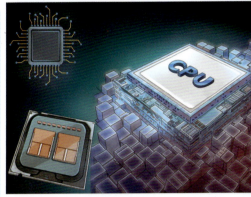

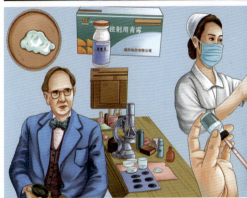

目录

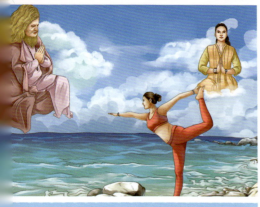

写在前面

　　人类发明创造的能力是与生俱来的，这是人类社会得以进步的重要因素。发明创造让我们走向富足、繁荣，让我们的生活越来越便利。在日常生活工作中，我们会用到数不清的科学发明，有些科技甚至能够挽救生命，但我们对这些发明的来历知之甚少。

　　《发明创造》这本书从多个领域出发，贴近生活，对各种发明物展开介绍。书中既包含了标点符号这样的古老发明，也包含了光纤和微处理器这样的高科技发明，旨在带领读者探索发明，培养读者对发明创造的兴趣。编者相信阅读本书定会有许多内容让你惊诧不已：你一定不会想到伞在大约三千年前就已经流行起来了；而葡萄干的发明，仅仅是因为一场不幸的意外。另外，你一定想知道：让无数人着迷的电脑是如何诞生的？一些奥运项目又是何时出现的？

　　翻开《发明创造》这本书，你将沉浸在一个由发明集合而成的奇妙世界中，各种各样的发明故事向你诉说着一部灿烂的文明史，让你在轻松有趣的文字中品读发明创造的神奇。

　　世界上有很多人和你一样，脑子里藏着许多稀奇古怪的念头。其中一些人用智慧、知识和坚持不懈的试验，一次又一次地尝试做出改变世界的发明。正因为这些发明汇集了人类非常活跃的想象力和创造力，飞机和电脑才会诞生，才有了我们便捷的现代生活。发明家们用他们富有创造力的大脑想象出了世界的另一种可能，迈出了探索的第一步。他们的发明推动了人类文明的进程，也为孩子们打开了通往创意世界的大门。

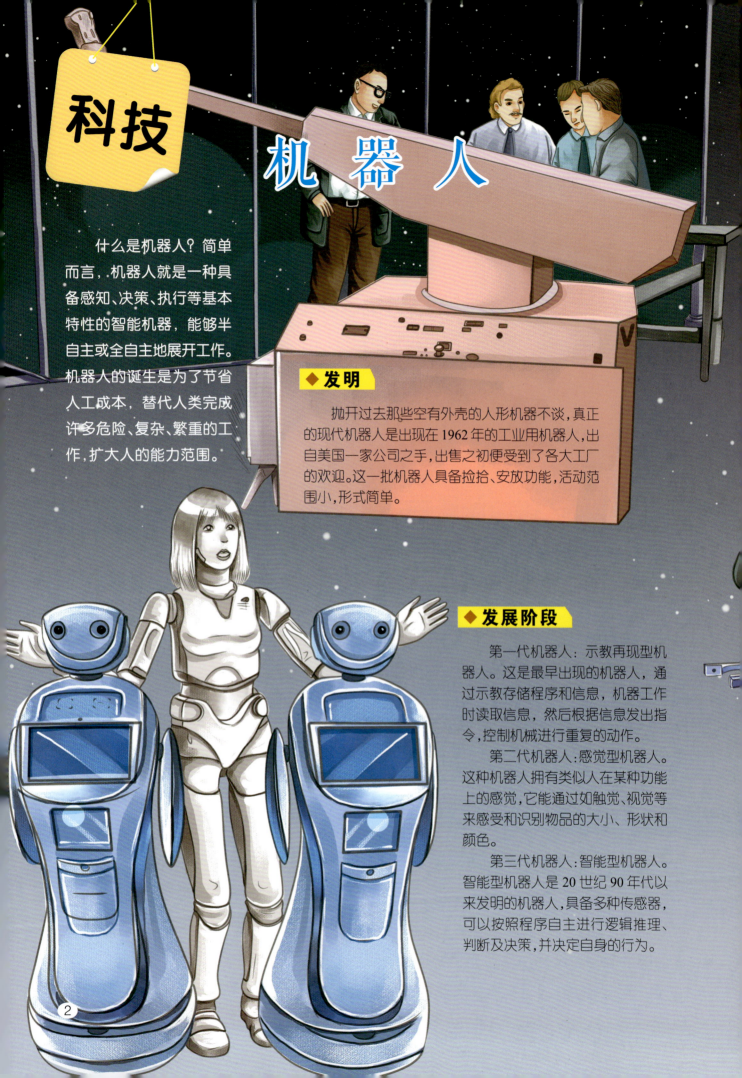

科技

机 器 人

什么是机器人？简单而言，机器人就是一种具备感知、决策、执行等基本特性的智能机器，能够半自主或全自主地展开工作。机器人的诞生是为了节省人工成本，替代人类完成许多危险、复杂、繁重的工作，扩大人的能力范围。

◆ 发明

抛开过去那些空有外壳的人形机器不谈，真正的现代机器人是出现在1962年的工业用机器人，出自美国一家公司之手，出售之初便受到了各大工厂的欢迎。这一批机器人具备捡拾、安放功能，活动范围小，形式简单。

◆ 发展阶段

第一代机器人：示教再现型机器人。这是最早出现的机器人，通过示教存储程序和信息，机器工作时读取信息，然后根据信息发出指令，控制机械进行重复的动作。

第二代机器人：感觉型机器人。这种机器人拥有类似人在某种功能上的感觉，它能通过如触觉、视觉等来感受和识别物品的大小、形状和颜色。

第三代机器人：智能型机器人。智能型机器人是20世纪90年代以来发明的机器人，具备多种传感器，可以按照程序自主进行逻辑推理、判断及决策，并决定自身的行为。

2

◆ **应用环境**

　　国际上的机器人学者从应用环境出发,将机器人分为两类:制造环境下的工业机器人和非制造环境下的服务与仿人型机器人。
　　我国的机器人专家从应用环境出发,将机器人也分为两大类,即工业机器人和特种机器人。

火车，又称铁路列车，简单来说，就是在铁路轨道上行驶的车辆。火车通常有多节车厢，发明至今一直是人类重要的交通工具之一。我国早期的火车车厢是绿色的，因此我们常听到"绿皮火车"的称呼。

1814 年 7 月，斯蒂芬孙制造了一辆蒸汽机车"布鲁克"号，单是火车头的重量便为 5 吨，它拖有 8 节重约 30 吨的车厢。斯蒂芬孙在煤矿的轨道上进行测试，发现这种火车速度太慢，运行过程中伴随着剧烈的震动，非常容易脱轨，达不到安全运输的标准。时隔 7 年，英格兰聘请斯蒂芬孙担任修建英格兰北部从斯托克顿至达林顿的铁路线的总工程师，斯蒂芬孙用 4 年时间完成任务，并正式交付使用。

火车是人类利用化石能源运输的典例。提到"火车"的名称，还需要追溯到火车发明之前。1804年，英国的矿山技师德里维斯克利用瓦特的蒸汽机造出了世界上第一台蒸汽机车。当时，德里维斯克制造的蒸汽机车时速达到了 5 千米，以煤炭或木柴作为燃料，通过燃烧煤炭或木柴的方式驱动蒸汽机，所以人们都叫它"火车"。

◆ 原理

最原始的蒸汽火车以燃烧煤炭或木柴驱动蒸汽机，火车的行驶依靠火车头带动。后来的内燃机车烧柴油，以内燃机作为原动力，通过传动装置驱动车轮。行驶过程中，火车的转向架卡在轨道上沿着轨道行驶，转弯时转向架转动，让火车沿着轨道继续行驶。转弯时外轨会高于内轨，这可以避免火车转弯时出现侧翻。

◆ 意义

自火车出现后，先是运物，后是作为交通工具运送客人。火车的出现对现代工业的发展起到了巨大的推动作用。

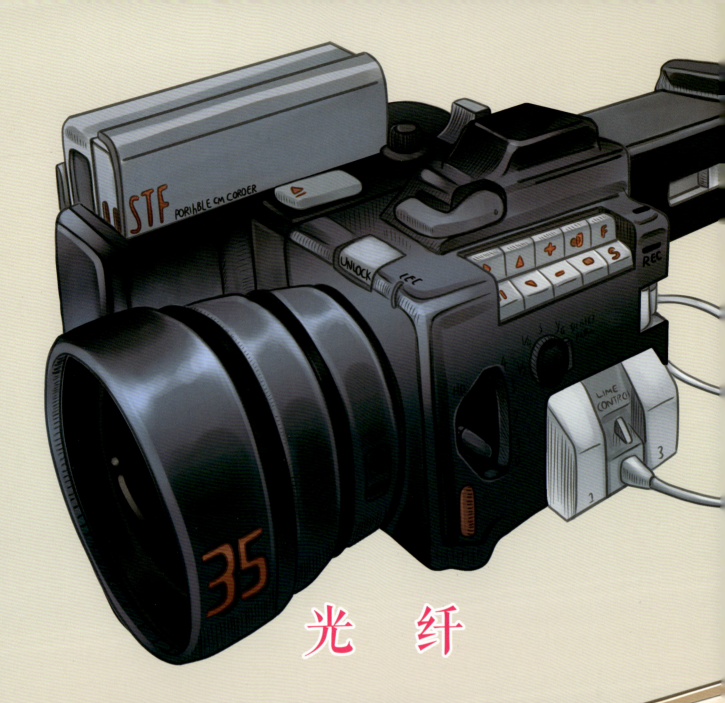

光 纤

　　光纤是光导纤维的简写,是一种由玻璃或塑料制成的纤维,主要部分由纤芯和包层组成;纤芯由透明材料制成,包层由比纤芯的折射率稍低的材料制成。可作为光传导工具。

◆ 发明

　　光纤通信是 20 世纪 70 年代发展起来的新型通信手段,本质是用光导纤维传送信号。1970年,美国康宁公司选用纯二氧化硅为原材料,在已有的理论基础上制出了符合光通信要求的光导纤维,成品比头发丝还细。随着光纤的发展,光导纤维对光的吸收性能进一步降低,导光性能得到提升。人们把多股光导纤维合为一束,制成了光缆。

◆ 通信原理

因光在不同物质中的传播速度是不同的，所以光从一种物质射向另一种物质时，在两种物质的交界面处会产生折射和反射。而且，折射光的角度会随入射光的角度变化而变化。当入射光的角度达到或超过某一角度时，折射光会消失，入射光会全部被反射回来，这就是光的全反射。不同的物质对相同波长光的折射角度是不同的（即不同的物质有不同的光折射率），相同的物质对不同波长光的折射角度也是不同的。光纤通信就是基于以上原理而形成的。简而言之，光纤通信的传输原理是利用光的全反射传送信号。

◆ 优点

光纤的通信容量非常大，集合光导纤维制成的光缆重量轻，成本低，保密性能好，不易被外人窃听。它的诞生，标志着人类的通信水平迈上了一个新台阶。

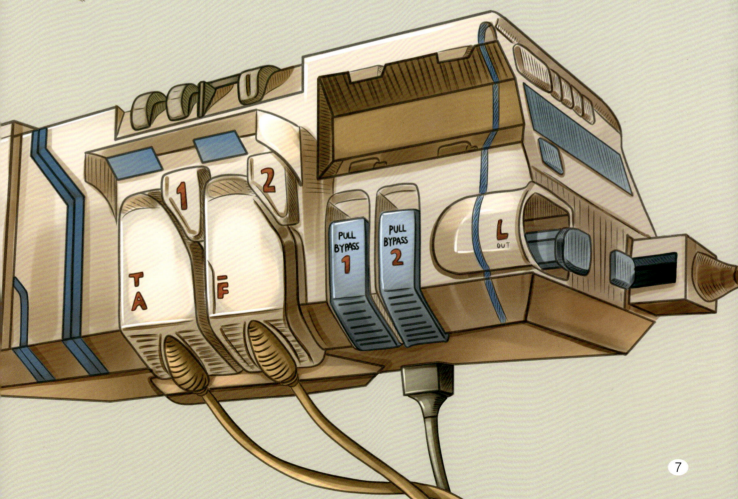

无线电

　　无线电就是传播的电磁波，既可以在空气中传播，也可以在真空中传播。无线电是所有传播的电磁波当中的一个有限频带，上限频率在 3THz，下限频率不统一。

◆ **发明**

　　无线电通信的发明者是俄国的波波夫，他在 1895 年 5 月 7 日提出了利用电磁波进行通信的理论，并表演了用无线电接收机接收雷电产生的电磁波。时隔一年，波波夫在相距 250 米的两座大楼之间成功地演示了无线电通信；又一年，波波夫在两艘相距数千米的军舰之间实现了无线电报通信。无线电的发明综合运用了前人的很多科学研究成果，它的诞生不能仅仅归功于波波夫一人，它是众多科学家共同努力的结果，是时代的产物。

◆ 技术原理

　　无线电技术就是基于电磁波理论通过无线电波传播信号的技术。要想了解无线电技术原理，就要了解电磁波理论，即导体中电流强弱的改变会产生无线电波。发现这一现象后，科学家们就可以通过调制将信息加载于无线电波之上。携带着信息的无线电波传播到接收端，会引发相应的电磁场变化，接着在导体中产生电流。接收端会通过解调将信息从电流变化中提取出来，就达到了信息传递的目的。

◆ 应用

　　无线电技术诞生后最早应用在了航海上，那时的远航船只会用无线电向陆地传递信息。当然，除了传递信息外，无线电还有着多种应用形式，其中就包括大家熟悉的无线数据网和无线电广播。

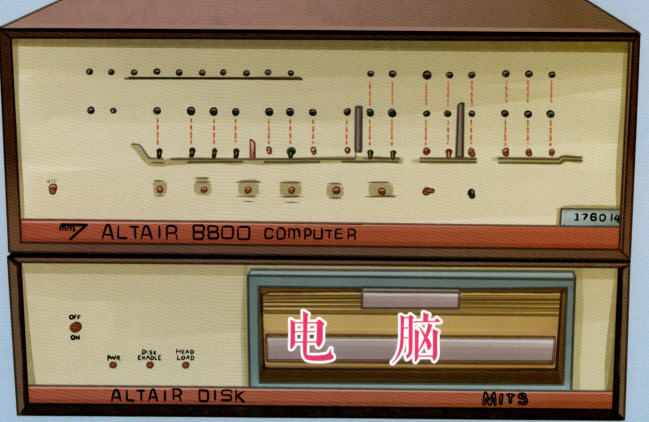

电　脑

计算机，也就是大家常说的电脑，已经成了现代生活中常见的智能电子设备，是一种用于高速计算的电子计算机器，既可以进行数值计算，又可以进行逻辑计算，还可以存储信息。人们有了电脑的帮助，可以更方便地处理海量数据。

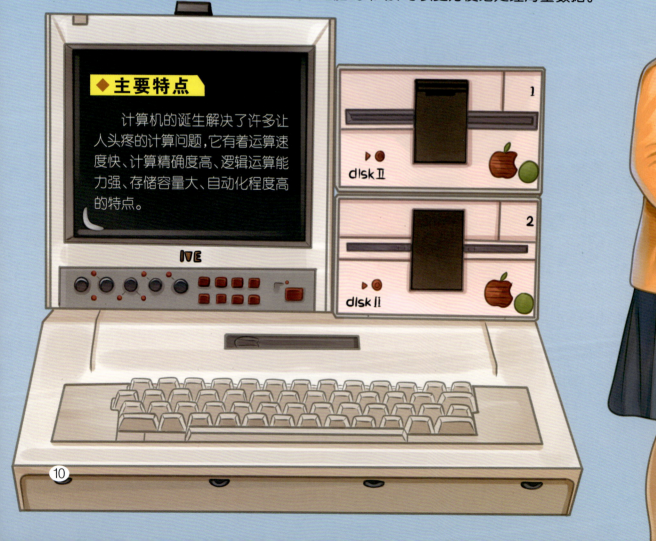

◆ 主要特点

计算机的诞生解决了许多让人头疼的计算问题，它有着运算速度快、计算精确度高、逻辑运算能力强、存储容量大、自动化程度高的特点。

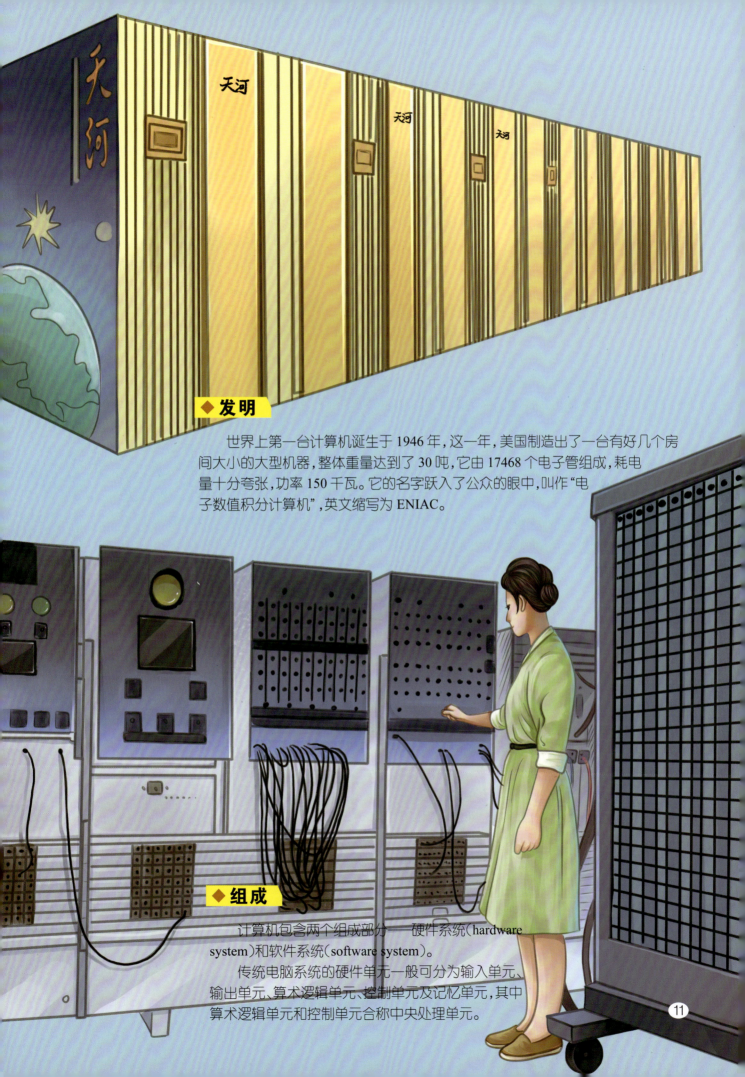

◆发明

世界上第一台计算机诞生于 1946 年,这一年,美国制造出了一台有好几个房间大小的大型机器,整体重量达到了 30 吨,它由 17468 个电子管组成,耗电量十分夸张,功率 150 千瓦。它的名字跃入了公众的眼中,叫作"电子数值积分计算机",英文缩写为 ENIAC。

◆组成

计算机包含两个组成部分——硬件系统(hardware system)和软件系统(software system)。

传统电脑系统的硬件单元一般可分为输入单元、输出单元、算术逻辑单元、控制单元及记忆单元,其中算术逻辑单元和控制单元合称中央处理单元。

微处理器

微处理器又叫中央处理器，由一片或少数几片大规模集成电路组成。组成微处理器的集成电路群可执行控制部件和算术逻辑部件的功能。微处理器作为计算机的运算控制部分，主要完成获取指令、执行指令，以及与外界存储器和逻辑部件交换信息等操作。

◆ 发明

微处理器的本质就是一个"集成电路"，制造者们将这一个"集成电路"集中在单一的硅片或硅片屑上，作为单一部分来制造，也就成了大家在生活中见到的方块形处理器。这个看似不起眼的小方块，却能运行非常复杂的程序。第一个微处理器是在 1972 年制造出来的，由马西安·E.霍夫设计。

　　微处理器的优点在于"微"字,比起传统的中央处理器,微处理器最突出的特点是它的体积小、重量轻和容易模块化。

◆ 应用

　　微处理器已经无处不在,我们接触到的智能产品中都有着它的影子,无论是大家在家中见到的录像机、洗衣机、电饭煲、手机等,还是工厂内的数控机床,都要嵌入各类不同的微处理器。微处理器不仅是微型计算机的核心部件,也是各种数字化智能设备的关键部件。

◆ 影响

　　1946年2月14日,电子数字积分计算机(Electronic Numerical Integrator And Computer)诞生了,如果说它的诞生是计算机发展史上的新纪元,是电子计算机发展史上的第一次革命,那么微处理器的出现,就是电子计算机发展史上的第二次革命。

电　视　机

电视机是运用电子技术向观众传送活动的图像画面和音频信号的设备，主要由摄像、传输和显像三个部分组成。它是根据人眼的视觉暂留特性和视觉心理研制、改进而成的。电视机的诞生不仅成了广播和视频通信的重要工具，还大大丰富了人们的精神生活。

◆ 发明

1925年,英国工程师约翰·洛吉·贝尔德发明了世界上第一台电视机。时隔三年,美国的第一套电视片上映了,从此,人们的信息传播方式和生活方式都改变了,多了"看电视"这一项娱乐,思维方式也由此发生了改变。随着技术的快速发展,电视从黑白到彩色,从模拟到数字、从球面到平面,现今早已普及到了大众之中。

◆ 主要部件

电视机的基本系统由摄像、传输和显像三部分组成。而人们在生活中接触到的电视机的机箱一般也由三个部分组成,分别是前面板(前框)、中框和后盖。拆开电视机的后盖就能看到电视机内部,老式电视机内部电路主要有使显像管产生正常光栅的扫描系统和信号系统两大部分。我们现在常接触的液晶电视机内部没有显像管。

◆ 原理

电视系统的工作原理是由发送端把图像的各个微细部分按亮度和色度转换为电信号后,顺序传送。电视机作为接收端,会将接收到的电信号按相应的几何位置显现各微细部分的亮度和色度来重现整幅原始图像。电视机主要是利用人眼视觉的暂留效应进行显现,属于一帧帧进行渐变的图像。

收音机

收音机通过天线接收电波信号，将其调解还原成音频信号，传输到耳机或喇叭，变成人耳能听到的音波。

收音机由机械器件、电子器件、磁铁等构造组合而成，可以将接收到的电波信号转换成音频。

◆ 发明

1894 年，意大利电气技师马可尼发明了将信号载在电波上进行电信传输的装置，这是无线电技术的开端。时隔 12 年，美国 33 岁的发明家李·德·福雷斯特组装了第一个真空管放大器，他将真空管放大器与马可尼的无线电发明相结合，利用无线电传送人的声音，于是产生了收音机。

多波段高灵敏度收音机

93.9 MH

M

DIGITAL

小时　分钟　定时设定　　调频

模式　时间设定　电源开关　　调幅

调频

调幅

MW 1 2 3 4 5 6 7 8 SHORTWAVE

HD-2218 CAMPUS RECEIVING

◆ 意义

　　在收音机诞生之前,各国之间的信息交流十分不畅,各国内部之间的交流也十分有限,人们的信息交流借由印刷技术来推动。有了收音机后,各国内部之间的信息交流变得频繁,而各国之间的信息交流也加快了无数倍。

17

军事

航空母舰

航空母舰，简称"航母"，是一种大型水面舰艇，它可以承载大量舰载机远距离作战。依靠航空母舰，军队可以在远离国土的地方以航空母舰为基地对敌方进行施压和打击。航空母舰上通常设置有巨大的飞行甲板，供舰载机起飞和降落。航空母舰是目前世界上最庞大、最复杂、威力最强的武器之一，能体现出一个国家的综合国力。

◆ 发明

1912年，英国海军出于作战需求，需要可容纳飞机的船只，以应对海上作战时飞机常出问题的麻烦。英国海军对一艘老旧的巡洋舰加以改造，使其成了世界上第一艘可容纳飞机的船只，这种舰艇就是航空母舰的雏形。

◆ 作用意义

　　航空母舰能让一国的军队在远离国土的地方作战,是大国海军综合战力现代化水平的重要体现,可对他国形成绝对的武力威慑,同时也能增强本国海域内的防卫工作。航空母舰的诞生是为了维护国家主权、安全和利益,具有重要的意义。

◆ 核动力航母

　　核动力航母,其能量来源是核反应堆,通过核反应堆提供无尽的蒸汽,再由蒸汽发电,供应整艘航母所需电力。相较于使用燃油炉烧柴油或重油的常规动力航母,核动力航母最大的优点在于它拥有无限航程,而且是无限高速航程。

原子弹

原子弹（atomic bomb）是核武器的一种，利用核反应产生的冲击波、光热辐射和放射性造成杀伤和破坏作用，是一种真正的大规模杀伤力武器。大面积破坏过后，核反应还会留下放射性污染，能起到阻止对方军事行动的作用。

◆ 发明

美国为了研制出核武器，不惜动员 50 多万人，其中的科技人员多达 15 万人，先后花费 20 多亿美元，这个数目对那个年代的美国而言也是一笔巨款。除了金钱以外，美国还耗去了全美 1/3 的发电量，并动用 1.5 万吨白银，才制成了 3 颗原子弹，它们的名字分别是"瘦子""胖子"和"小男孩"。

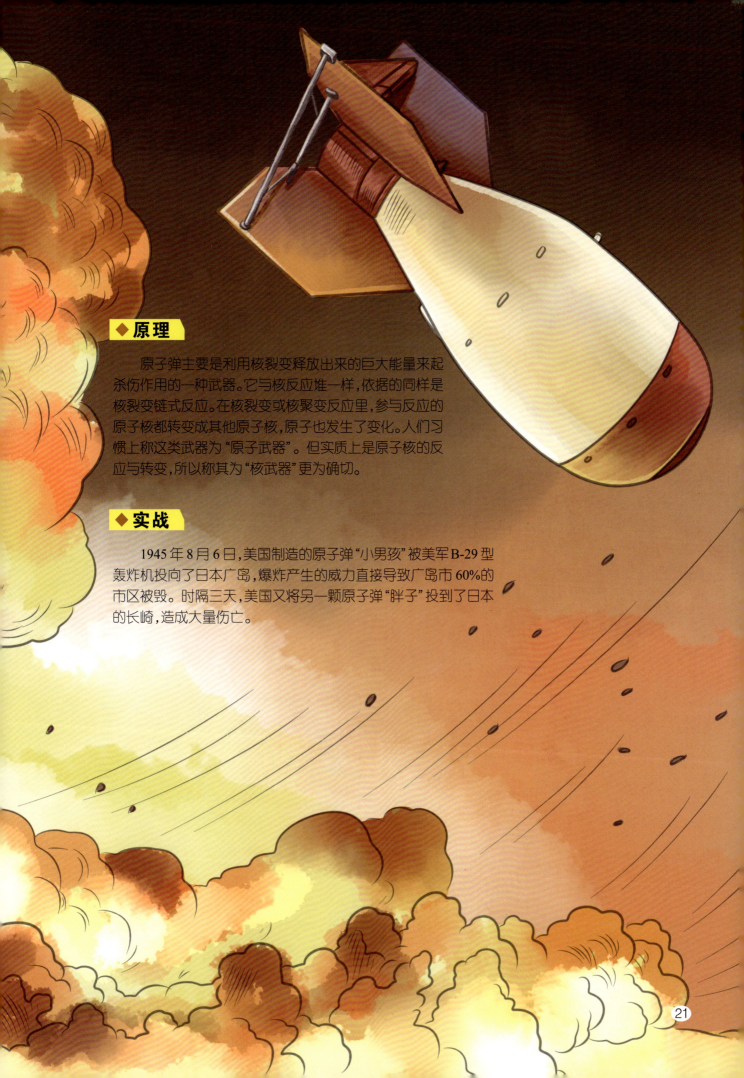

◆ 原理

　　原子弹主要是利用核裂变释放出来的巨大能量来起杀伤作用的一种武器。它与核反应堆一样，依据的同样是核裂变链式反应。在核裂变或核聚变反应里，参与反应的原子核都转变成其他原子核，原子也发生了变化。人们习惯上称这类武器为"原子武器"。但实质上是原子核的反应与转变，所以称其为"核武器"更为确切。

◆ 实战

　　1945 年 8 月 6 日，美国制造的原子弹"小男孩"被美军 B-29 型轰炸机投向了日本广岛，爆炸产生的威力直接导致广岛市 60% 的市区被毁。时隔三天，美国又将另一颗原子弹"胖子"投到了日本的长崎，造成大量伤亡。

装甲车

装甲车,简而言之就是配有装甲的军用车辆,有轮式装甲车和履带式装甲车。人们通常将坦克和装甲车独立分类,但实际上坦克也算是履带式装甲车辆的一种。相较于坦克,被人们称呼为装甲车的车辆在防护性能和火力上都比坦克要弱。

◆ 发展过程

1725 年,法国人居纽发明了世界上第一辆军用车辆,它是依靠蒸汽机驱动的。时隔一百多年,现代装甲车才在法国诞生。1902 年,法国卡龙-吉拉尔多-沃伊特公司向公众展出一辆奇怪的"铁壳"车。它的基本结构是一台汽车,外面有保护装甲,顶部为转塔式武器系统。

◆ 发明

对于装甲车的起源,一直存在争议。有部分人认为是 1902 年,法国卡龙-吉拉尔多-沃伊特公司制造的第一辆装甲车;也有人认为是 1904 年,奥地利的"戴姆勒"号才算是第一辆装甲车。直到现在,哪个才是世界上第一辆装甲车,仍没有定论。

◆ 分类

　　装甲车发展至今，种类上多种多样，功能也各不相同。各国军队对装甲车的分类是按照装甲车的用途划分的，主要将其分为装甲运兵车和步兵战车。装甲运兵车负责运输步兵和作战物资；步兵战车主要负责支援步兵展开作战，作为运载单位时载重量大大不如装甲运兵车。

迫击炮

迫击炮是一种十分实用的近战武器，具有炮身短、弹道弧线高、射角大、轻便灵活的特点，能射击掩体后方的目标。根据战场需求的不同，人们研发出多种口径的迫击炮，大多采用炮口装填、发射带尾翼的曲射滑膛炮弹。

◆ **发明**

1904 年，当时正是沙俄和日本大打出手的时候，双方为了争夺中国的旅顺口大战一场。沙俄军队迅速占据了旅顺口要塞，日军则以挖筑堑壕的方式逼近沙俄军阵，突进到了距沙俄军阵只有几十米的地方。这样近的距离下，沙俄军队难以用一般的火炮和机枪杀伤日军。为了应对日军挖筑堑壕的作战方式，沙俄炮兵大尉戈比亚托·列昂尼德·尼古拉耶维奇发明了第一门真正的迫击炮，给了日军惨痛的教训。

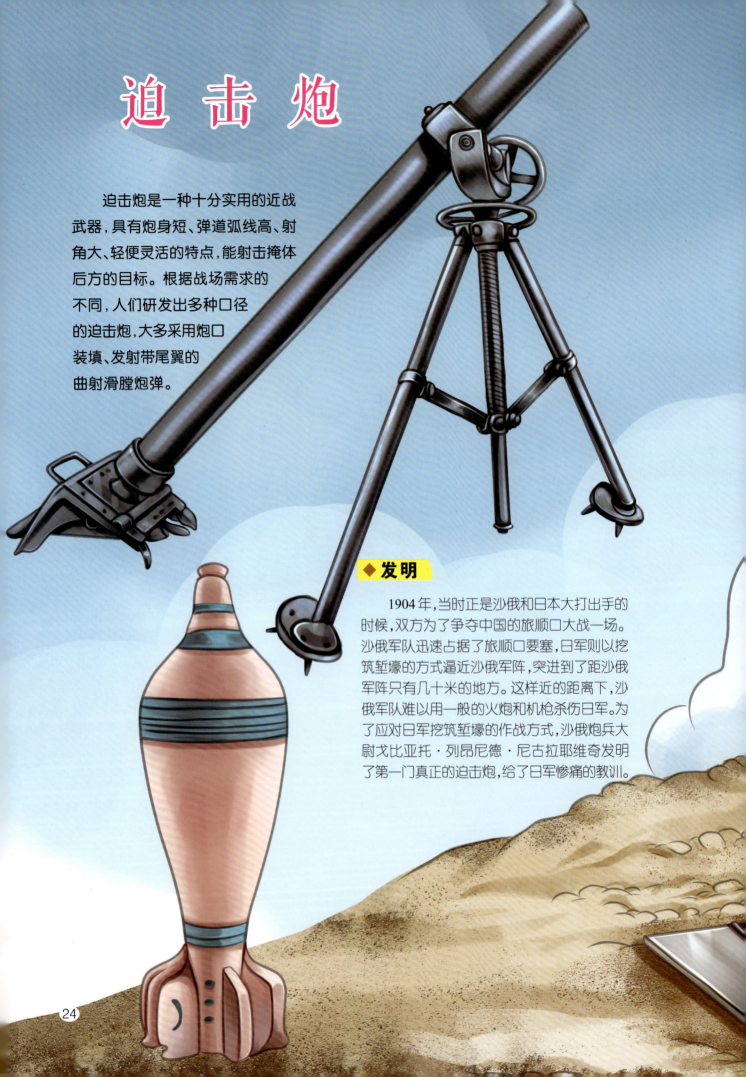

24

◆ 结构

　　相较于普通火炮，迫击炮有着结构简单、轻便灵活的特点，它由炮身、炮架、座钣和瞄准具组成。炮身尾端装有击针。击针有固定式的，也有伸缩式的。可伸缩击针在弹簧作用下使迫击炮可以迫发，也可以拉发。如果将击针缩回，炮手可以将填入炮口的炮弹安全取出。迫击炮有的安装有反后坐装置，没有安装反后坐装置的迫击炮炮身与座钣构成刚性连接。

◆ 优点

　　迫击炮的优点很多，首先是它构造简单、造价低；其次是实战中灵活轻便、射速快。战斗中，步兵能携带迫击炮打击近距离目标，如破坏各种野战工事、摧毁障碍物背后目标、打击掩体内目标等。

直升机

直升机是典型的军民两用产品，主要分为单旋翼直升机和双旋翼直升机，是20世纪航空技术极具特色的创造之一，使得飞行器的应用范围得到了极大拓展。时至今日，直升机广泛应用于运输、旅游、救护、侦察等多个领域。

◆ 发明

1907 年 11 月 13 日，由科努研制的一架双旋翼直升机在利休斯附近的升空表演中，在没有外力帮助的情况下取得了成功。科努的飞机虽然只飞离地面 0.3 米，飞行时间也仅有 20 秒，但是，人们认为这是世界上第一架真正的直升机。

◆ 原理

直升机上有一大一小两个螺旋桨。大螺旋桨在直升机的头上，提供升力，把直升机带上天空。直升机的主旋转翼还可以向后、向左右倾斜，向哪边倾斜就可以获得哪边的力，可以驱动直升机倾斜来改变方向。小螺旋桨能够抵消大螺旋桨产生的反作用力，从而提高直升机机身的稳定性，如果飞行员加大机尾小旋翼产生的力，产生的拉力就大于反扭力，直升机便可实现在空中转弯。

◆ 优/缺点

直升机最突出的特点就是对起降地点要求不大，可垂直起降。完成空中作业时，直升机可做低空、低速和机头方向不变的机动飞行。这些特点让直升机拥有了广阔的应用领域。

相对于优点来说，直升机的缺点也很明显。直升机采用相对固定翼完成飞行，振动较大，噪声较大，维护检修工作量较大，使用成本较高。此外，直升机的速度较低、航程较短也是一大问题。

刺　刀

刺刀又称"枪刺",日本人称其为"铳剑",属于刺杀用冷兵器,安装于单兵长管枪械前端,可用于白刃战,也可以充当战斗作业的辅助工具。

◆ 发明

追溯刺刀的发明者,欧洲有两种说法:一种是由一名不知名法国人在 1610 年发明;另一种说法是由法国一名军官在 1640 年发明。不管是哪一人,发明世界上第一把刺刀的人都诞生在法国一个名叫 Bayonne 的小城,所以欧洲人称呼刺刀为"Bayonne"。

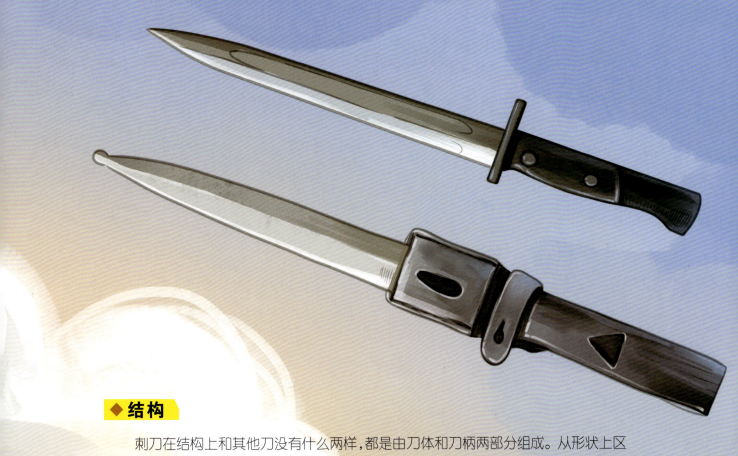

◆ 结构

　　刺刀在结构上和其他刀没有什么两样，都是由刀体和刀柄两部分组成。从形状上区分，刺刀有刀形和剑形，也有三棱形或四棱形。刺刀与枪械的连接方式又有分离式和折叠式两种，战场中常见的刺刀多是分离式。分离式刺刀大多被制成刀形或剑形，在此基础上，有的给刺刀制造锯齿，有的能与刀鞘连接构成剪刀，功能多样。

◆ 现状

　　在近代战争中，刺刀曾辉煌一时，但随着热武器的进一步发展，刺刀的作用渐渐降低。军队之间交锋罕有进行白刃战的机会，大家也就放弃了拼刺刀的理念。如今的刺刀讲究多功能性，能对士兵的野外作业起到辅助作用。

染　料

染料是指能使其他物质获得色泽的一类有机化合物，分为天然染料和合成染料，现在人们普遍使用的都是人工合成的染料。染料本身是有颜色的，它能以分子状态或分散状态让其他物质获得色泽。

◆ 发明

染料的发明来自一次意外实验。1856年，在英国皇家化学学院著名的有机化学家霍夫曼院长的实验室里，18岁的威廉·亨利·帕金正在进行合成奎宁实验。实验过程中，帕金发现试管底部出现了一些黑色沉淀物质。在不明白黑色物质是什么的情况下，帕金试着往试管内滴入了少许酒精。意外就这么发生了，试管里的液体变成了紫色。从此人工合成染料诞生了。

染色牢度指的是被染色的物质能在使用过程中或在以后的加工过程中,保持物质上的染料或颜料稳定,不因外界因素的影响而发生变化。容易褪色的染色牢度低,反之染色牢度高,染色牢度是评价染料或颜料质量好坏的标准之一。染色牢度的高低往往取决于染料或颜料本身的化学结构。

◆ **禁用染料**

众所周知,化工产品常会给环境造成污染,对人体也会造成伤害。人工合成的染料当中,许多染料对人体是有害的,甚至可能致癌,如联苯胺,已被列为可疑致癌物。因此,部分染料已被各国列入禁用染料。

香　水

香水作为重要的化妆品，深受人们的喜爱，常被人们喷洒在手帕、衣襟和发梢等部位，能散发出或浓或淡的宜人香气。普通的香水多是由香料溶解于乙醇中制成，根据需求的不同可以在香水中添加抗氧化剂、甘油、活性剂等添加剂。

◆原理

制作香水的原料都是具有挥发性的香精和香料，香水暴露在空气中时，由于香水本身具有挥发性，香气和香味会以分子状态散播入空气，被人们的嗅觉或味觉感知到。能被人们接受的香水要能让人从嗅觉上感到舒适。

简单来说,香水的作用就是赋予人或衣物香味,给人带来愉悦的精神享受。有了香气,人体本身的味道就会被香气遮掩住,这也是香水的功效。对于身体常会出现异味的一类人而言,往往会选择香气较为浓烈的香水,用香水散发的香味压过身上的异味。

◆ 相关故事

在久远的过去,那时还未出现香气,但人们对于香味的追求是存在的。大概在 15 万年以前,当时的人们会在祭祀典礼上焚烧能散发香味的草木。那时候的人们将香火和信仰结合在了一起,信徒们会寻找各种香料进行祭祀。

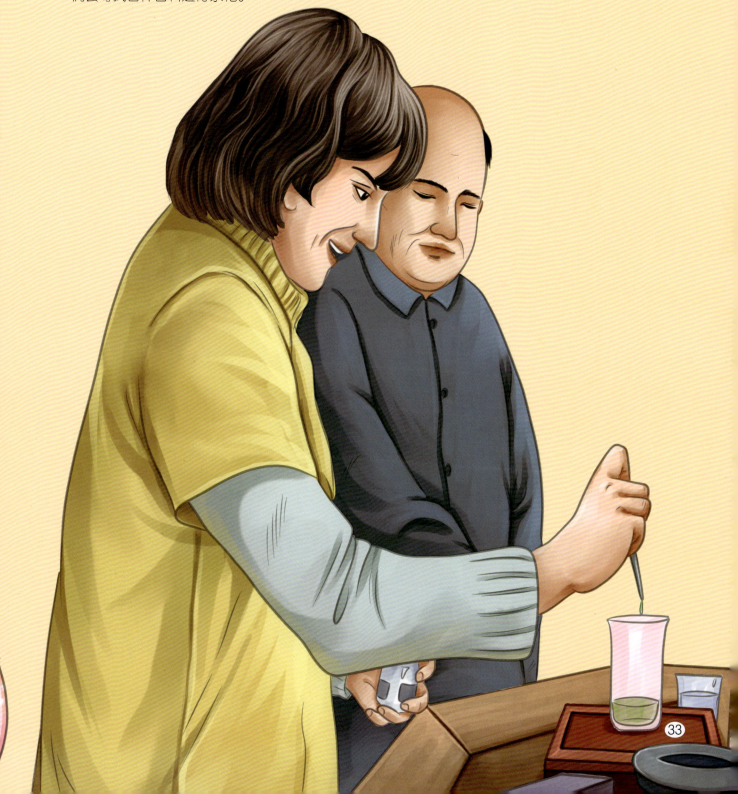

茶

茶，常绿灌木，一般指茶树的叶子和芽。嫩枝无毛，叶革质，上面发亮，下面无毛或初时有柔毛，叶片呈长圆形或椭圆形，先端钝或尖锐，基部楔形，边缘有锯齿，叶柄无毛。茶叶中富含茶多酚等多酚物质，有提神醒脑、明目、利尿、解毒等功效。

◆ 起源

追溯茶的起源，众说纷纭。多认为我国的茶起源于周朝，因为在相关记载中周朝就有了贡品茶，也有人工栽培的茶园。也有人认为茶起源于上古，但支撑这个说法的证据寥寥。"茶"这个字起源于唐代，唐以前没有"茶"这个字，只有关于"茶"的记载，因此又有了茶起源于唐代的说法。

◆ 茶的妙用

　　人们经过反复实践，发现茶叶的妙用很多。喝茶可降低血压、血脂和胆固醇。当然，茶不仅仅局限于成为饮品，还有许多妙用：用茶水漱口，能除口臭、除油腻；咀嚼一些老茶叶，可以治疗因吃了酸的东西引发的牙齿酸痛；用茶水洗头发，可以让头发乌黑有光泽；用茶水洗澡，可除体臭，预防皮肤病。

◆ 饮茶方法

　　如果喝放置过的茶，最好选择放置时间半个月以上的。新茶中的活性生物碱和咖啡因较多，这些物质进入人体后会让人的中枢神经系统兴奋，不适合在睡前饮用。

葡萄干

葡萄干就是葡萄脱水后形成的食物。人们常用暴晒的方法制作葡萄干，成品含糖量高，营养价值高。

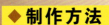

◆ 起源

　　1873年9月,中东地区掀起了一场大热浪。这时候果园内的葡萄尚挂在枝上,果农们来不及摘取葡萄,就眼睁睁看着葡萄变成了皱巴巴的干葡萄。在其他果农绝望之际,一名果农试着将干巴巴的葡萄卖给食品商。经过商人之手,干葡萄到了顾客手里,人们意外地发现这种皱巴巴的干葡萄十分美味,于是葡萄干便兴起了。

◆ 制作方法

　　选择无籽葡萄作为制作葡萄干的原料。采收以后要经过浸碱处理,这一步骤能加快葡萄脱水;之后就是暴晒两到三周,再阴干一周。一般四到五千克葡萄可以做成一千克葡萄干。

◆ 营养价值

　　葡萄干的营养成分继承于葡萄,具有多种抗氧化功效。在制作葡萄干的过程中葡萄内的许多营养成分得到了浓缩,也有物质因为氧化等原因而发生分解与转化。葡萄干的功效与作用非常多,如能有效降低血液中的胆固醇、抑制恶性肿瘤的生长、补气血、缓解神经衰弱等。

照相机

传统照相机使用底片记录影像，是一种利用光学原理制成的摄影设备。在大家的生活当中，具备记录影像特性的不只有照相机，比如天文观测设备、医学成像设备等，它们都可以记录影像。

◆ 发明

如其他许多发明一样，照相机的发明同样缘于一次意外。法国艺术家达盖尔无意中把一个银匙放到了一块涂过碘的金属板上，等他回来拿银匙时发现涂过碘的金属板上留下了银匙的影像。达盖尔针对这一现象反复进行实验，发现了更便捷的显影方法，制出了第一台实用的银盘相机。其基本思想是将一块表面有碘化银的铜板曝光，然后用水银蒸气蒸，再用普通的盐溶液固定，形成永久的图像。

◆ **组成**

1.成像的镜头；2.给予感光材料适度光量的快门；3.确定摄影范围的取景器；4.作为暗箱的机身；等等。

◆ **原理**

光线照在景物上，然后反射到照相机的镜头上，通过镜头和控制曝光量的快门，经过聚焦，景物的景象在暗箱内的感光材料上形成潜像，经冲洗处理（即显影、定影）构成永久性的影像。

伞

伞最初作为一种雨具被人们使用，后来人们使用伞不再局限于遮雨，伞渐渐成了提供阴凉环境或遮蔽雨、雪、阳光等的工具。

◆ 构造

伞包括伞柄、伞骨、伞面、伞套四部分。伞柄和伞骨作为一把伞的主心骨很重要，过去的人们常用竹子或木头制作伞柄和伞骨，后来有了金属伞骨，为了降低重量多采用中空设计。制作伞柄的材料很多，有油布、塑料布、尼龙布等。最后是伞套，一般只需起到防尘作用即可。

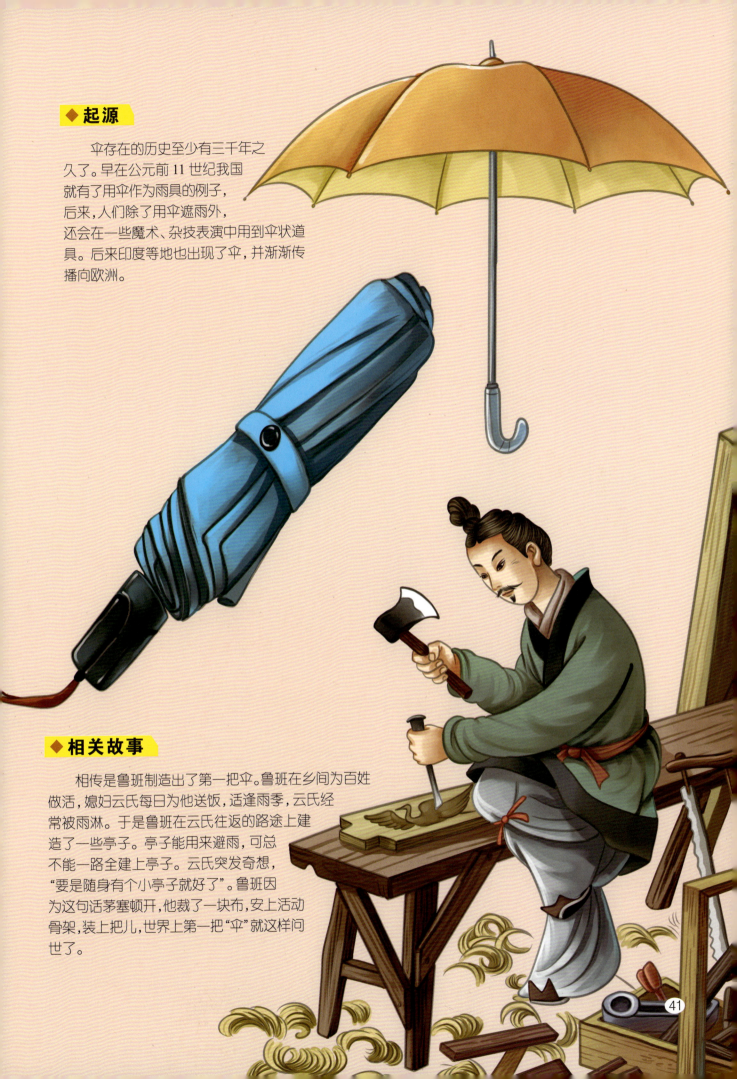

◆ 起源

　　伞存在的历史至少有三千年之
久了。早在公元前 11 世纪我国
就有了用伞作为雨具的例子，
后来，人们除了用伞遮雨外，
还会在一些魔术、杂技表演中用到伞状道
具。后来印度等地也出现了伞，并渐渐传
播向欧洲。

◆ 相关故事

　　相传是鲁班制造出了第一把伞。鲁班在乡间为百姓
做活，媳妇云氏每日为他送饭，适逢雨季，云氏经
常被雨淋。于是鲁班在云氏往返的路途上建
造了一些亭子。亭子能用来避雨，可总
不能一路全建上亭子。云氏突发奇想，
"要是随身有个小亭子就好了"。鲁班因
为这句话茅塞顿开，他裁了一块布，安上活动
骨架，装上把儿，世界上第一把"伞"就这样问
世了。

关于西服的起源有两种说法：民间说法是西装起源于北欧南下的日耳曼民族，据说当时的日耳曼渔民穿着这种散领、少扣款式的服装是为了方便捕鱼；皇室版说法是西装源自英国王室的传统服装，延续了英国王室男士礼服的基本形式。

西 服

西服，又称西装、洋装，作为一种舶来品，传入我国后很快便掀起了一股西服热潮。在中国，人们多把有翻领和驳头，三个衣兜，且衣长在臀围线以下源自西方的上衣称作"西服"。

19世纪以来，欧洲的地位在世界范围内都属强势。由于地位使然，西服便给人一种上档次、有内涵的感觉，这无疑加快了世界各国人对西服的认可，因此西服很快成了各国的正式服装。此外，西服能得到广泛认可还与它的款式密不可分，据说穿西服能预防、缓解肩周炎。

◆ 中国第一套西装

1903年，时值清朝末期，当时在日本的徐锡麟与在日本学习西装工艺的裁缝王睿谟相识。两人结交后的第二年，都回到了国内，王睿谟在上海开设了一家西服店，徐锡麟成了这家西服店的第一位顾客。据说，诞生于中国的这第一套西服全部是由王睿谟手工制作。

助听器

助听器就是帮助有听力障碍的人听见声音的器械。助听器是一个小型扩音器，能够放大声音，使声音能够被听力障碍者的残余听力捕捉到，传送到大脑听觉中枢，从而感觉到声音。

 ◆ 结构

使用助听器的人毕竟是极少数，没有消费市场的情况下，电子助听器的发展并没有太大的进步。从20世纪初至今，助听器的结构一直是由麦克风、放大器、接收器及电源几部分组成。进步之处在于助听器的体积在逐渐缩小，音质也有所改善。

◆ 历史沿革

1923年，马可尼公司研制出了一台依靠电子管控制的助听器，重量达到了16磅，这个重量显然不适合携带。30年代后，随着电子管小型化，助听器的体积也在不断缩小。到50年代，晶体管问世，微型时代的到来让助听器进一步缩小，这时候的助听器才真正发展到了轻便、易于佩戴的程度。

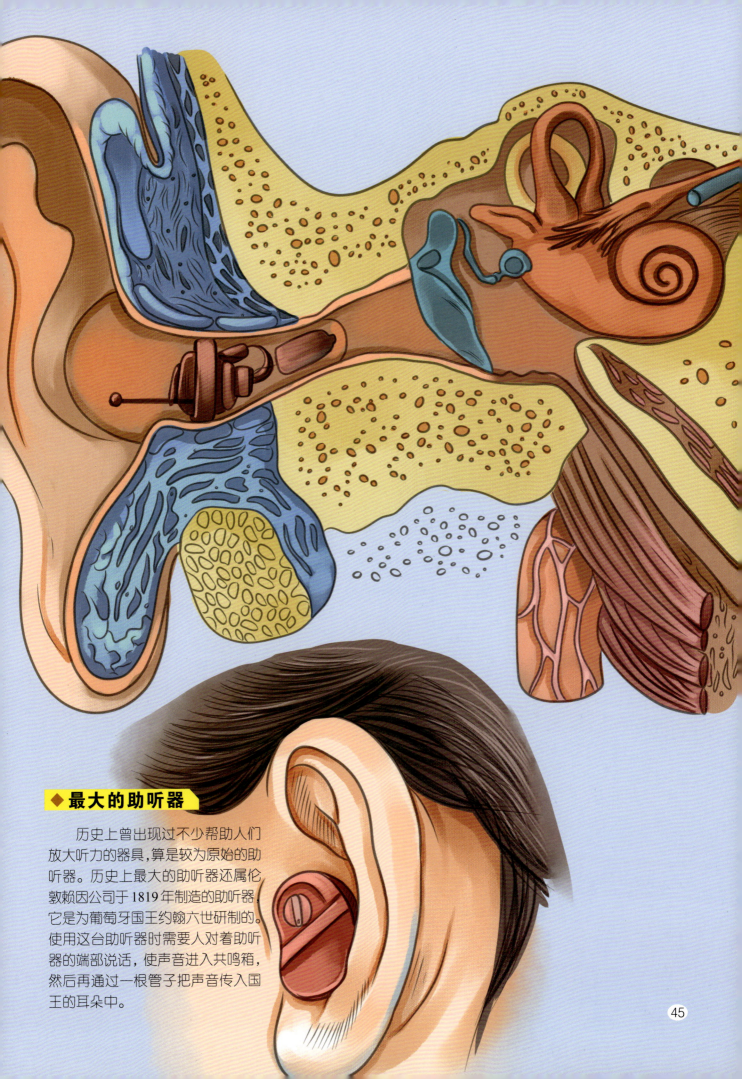

◆ 最大的助听器

　　历史上曾出现过不少帮助人们放大听力的器具，算是较为原始的助听器。历史上最大的助听器还属伦敦赖因公司于1819年制造的助听器，它是为葡萄牙国王约翰六世研制的。使用这台助听器时需要人对着助听器的端部说话，使声音进入共鸣箱，然后再通过一根管子把声音传入国王的耳朵中。

体温计

体温计,指用于判断和测量人体温度的工具,分为指针体温计和数字体温计。数字体温计属于一种最高温度计,又称"医用温度计"。它可以记录该温度计曾测定的最高温度。

◆ 发明

世界上第一支温度计诞生于 1603 年，出自意大利物理学家伽利略之手。这支温度计的底部为球状的玻璃管，利用空气热胀冷缩的原理，当玻璃球周围温度发生变化时，球内空气热胀冷缩，使管内的水柱随之升降。玻璃管上刻有相应的刻度，随着水柱的升降，被测物体的温度随之显示出来。

◆ 原理

体温计的工作原理并非全部一样，因此体温计大致可以分为三种：传统的玻璃水银体温计、电子体温计和多功能红外线体温计。过去人们最常用的是水银体温计，内有随体温升降的水银柱。玻璃泡内部的水银因受到体温影响，随之出现变化，水银体积的变化会导致水银柱的高度变化。

◆ 意义

体温计的构造并不复杂，操作起来也很简单，在日常生活中能对人体健康起到监督作用。

麻醉剂

麻醉剂多用于手术或某些疾病的治疗，指的是使机体或局部出现暂时麻痹的药剂，这种麻痹是可逆的，不会对机体造成长久性伤害。

◆ 发明

世界上第一个发明麻醉剂的应当是我国东汉时期的华佗。据史料记载，我国在 2 世纪就有了用"麻沸散"全身麻痹进行手术的案例。时隔 1700 多年的近代，最早发明全身麻醉剂的人是 19 世纪初期的英国化学家戴维。

距今 2000 年之前,中国医学中已经有了麻醉药和醒药的实际应用。《列子·汤问篇》中记述了扁鹊为公扈和齐婴治病,"扁鹊遂饮二人毒酒,迷死三日,剖胸探心,易而置之;投以神药,既悟如初……"用"毒酒""迷死"病人施以手术,之后再用"神药"催醒。

◆ **相关故事**

据传,曹操有严重的头风病,华佗给出的治疗方案是让曹操服"麻沸散"后剖开头皮切除病根。可曹操疑心太重,认为华佗这是要害他,便把华佗杀害了。关于"麻沸散"的配方遗本传说众多,有的说被华佗用火烧掉了;有的说华佗在狱中送给了看守人,而被看守人的妻子烧掉,看守人仅留下了一部分;还有的说华佗烧的是副本,正本留在家中。

维 生 素

维生素既不参与构成人体细胞，也不为人体提供能量，但它是人和动物为了维持正常的生理功能而必须摄取的一类微量有机物质，对人体的生长、代谢、发育都有着重要作用。

◆ 发源

1886年，脚气病在荷属东印度暴发，这种疾病在当时是一种十分可怕的传染病。年轻的荷兰医生艾克曼来到荷属东印度专门研究脚气病，发现未经碾磨的糙米能治疗脚气病，却未能解开其中的原理。直到1912年，波兰科学家格莱恩用化学实验从米糠中分解出一种药用物质，正是这种物质治好了脚气病。格莱恩把这种物质命名为维他命，即维生素。

E

A

B₁

P

B₂

PP

B₅

K

B₆

D

B₉

C

B₁₂

◆ 主要类别

维生素指的不是某一种物质，而是一类物质。维生素是个庞大的家族，现阶段所知的维生素就有20余种，大致可分为脂溶性维生素和水溶性维生素两大类。

◆ "维生素丸"

冬枣营养丰富，含有天门冬氨酸、丝氨酸、苏氨酸等19种人体必需的氨基酸。冬枣还含有十分丰富的维生素C，是金丝小枣的20倍，是苹果的70倍，是梨的100倍，有"维生素丸"之美誉。

B₁

E

D

C

B₆

B₁₂

青霉素

注射用青霉素

青霉素属于抗生素，由青霉菌中提炼而来，指的是分子中含有青霉烷、能破坏细菌的细胞壁并在细菌细胞的繁殖期起杀菌作用的一类抗生素。每次使用前必须做皮试，目的是防过敏。

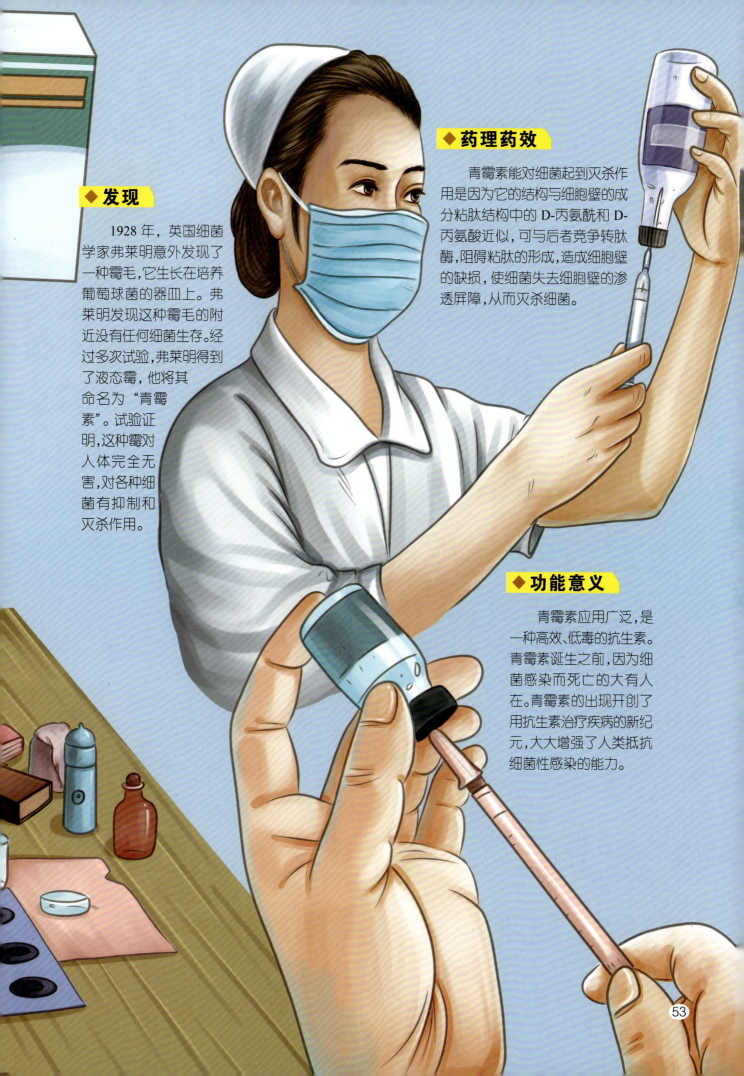

◆ **发现**

1928 年，英国细菌学家弗莱明意外发现了一种霉毛，它生长在培养葡萄球菌的器皿上。弗莱明发现这种霉毛的附近没有任何细菌生存。经过多次试验，弗莱明得到了液态霉，他将其命名为"青霉素"。试验证明，这种霉对人体完全无害，对各种细菌有抑制和灭杀作用。

◆ **药理药效**

青霉素能对细菌起到灭杀作用是因为它的结构与细胞壁的成分粘肽结构中的 D-丙氨酰和 D-丙氨酸近似，可以与后者竞争转肽酶，阻碍粘肽的形成，造成细胞壁的缺损，使细菌失去细胞壁的渗透屏障，从而灭杀细菌。

◆ **功能意义**

青霉素应用广泛，是一种高效、低毒的抗生素。青霉素诞生之前，因为细菌感染而死亡的大有人在。青霉素的出现开创了用抗生素治疗疾病的新纪元，大大增强了人类抵抗细菌性感染的能力。

X 射线

X 射线属于一种电磁波，波长短、能量大，具有穿透性。运用 X 射线检测时，X 射线会透过人体。因人体组织间有密度和厚度的差异，不同组织对 X 射线的吸收程度不同，所以经过显像处理后会得到不同的影像。

◆ 发现

X 射线的发现与真空管内产生的放电实验有关。1895 年 11 月 8 日，伦琴在进行这一实验时，附近正好放置有一张涂了氰亚铂酸钡的纸。真空管内产生的放电实验开始，电流通过真空管时，一旁涂了氰亚铂酸钡的纸发出了荧光。伦琴试着用黑色的纸板盖住真空管，可这种现象还是会出现，伦琴由此得知这是一种看不见的射线引起的，而且这种射线具有穿透性，他将其命名为"X 射线"。

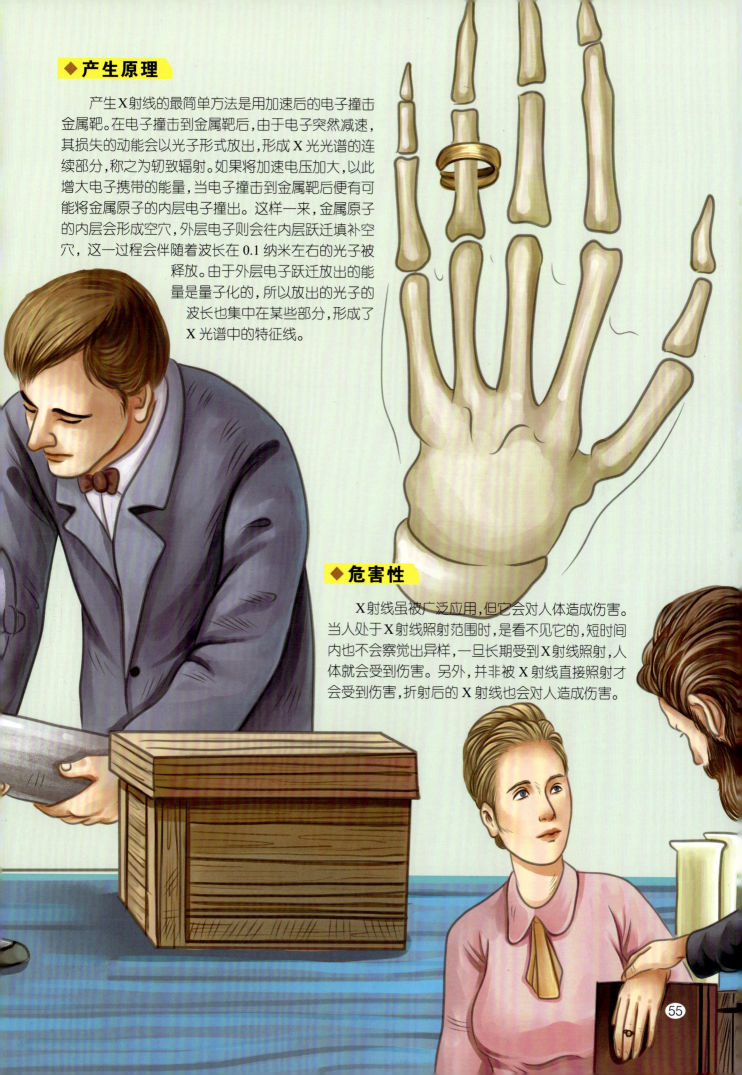

◆ 产生原理

产生X射线的最简单方法是用加速后的电子撞击金属靶。在电子撞击到金属靶后，由于电子突然减速，其损失的动能会以光子形式放出，形成X光光谱的连续部分，称之为轫致辐射。如果将加速电压加大，以此增大电子携带的能量，当电子撞击到金属靶后便有可能将金属原子的内层电子撞出。这样一来，金属原子的内层会形成空穴，外层电子则会往内层跃迁填补空穴，这一过程会伴随着波长在0.1纳米左右的光子被释放。由于外层电子跃迁放出的能量是量子化的，所以放出的光子的波长也集中在某些部分，形成了X光谱中的特征线。

◆ 危害性

X射线虽被广泛应用，但它会对人体造成伤害。当人处于X射线照射范围时，是看不见它的，短时间内也不会察觉出异样，一旦长期受到X射线照射，人体就会受到伤害。另外，并非被X射线直接照射才会受到伤害，折射后的X射线也会对人造成伤害。

乒 乓 球

乒乓球是在球台上进行的球类运动之一，比赛分男女团体、男女单打、男女双打及男女混合双打，起源于英国，因其打击时发出"乒乓"的声音而得名。

◆ **起源**

19世纪末,英国伦敦的某个饭店内。正值酷暑,两个吃完饭的年轻人满头大汗,他们手持雪茄盒盖子扇着风,无聊之下顺手就用手里的雪茄盒盖子当球拍,用酒瓶软塞当球,隔着桌子打起球来。这种模仿网球的玩法颇有意思,之后渐渐传开,很快传出英国,在世界各地流行起来。

◆ **传播**

在不算长的时间里,乒乓球这种玩法方便的球类运动便风靡世界。尤其是胶皮球拍出现后,乒乓球进一步得到了推广。1926年,伦敦举行了第一届世界乒乓球邀请赛,并成立了国际乒乓球联合会。20世纪初,乒乓球运动传到了亚洲。

◆ **风靡中国**

中华人民共和国成立后,国内掀起了一场全民健身的热潮。乒乓球本身又是一种适合因地制宜、广泛开展的体育活动,大批乒乓台开始出现在城乡,"乒乒乓乓"的声音响彻各个角落,中国的乒乓球运动也逐渐跃上世界舞台。

瑜伽已有了大约 5000 年的历史，源于古印度。相传瑜伽功的灵感来自动物与植物，修行者发现大自然中的动物与植物天生具有治疗、放松、助眠或保持清醒的方法，使人患病时不经任何治疗而自然恢复健康。于是古印度的修行者们开始观察、模仿，创立了许多锻炼姿势，也就是瑜伽功体位法。

瑜 伽 功

瑜伽是一种行之有效的古老健身术。原始的瑜伽功包含了哲学，追求"梵我合一"的道理与方法。现代瑜伽功是简化后的版本，主要是一些修身养性的方法。长期练习瑜伽姿势，有助于人的身心健康。

◆ **精髓**

　　瑜伽功的精髓是"收心"，练习瑜伽功最关键的就是要保持心神宁静，摒除杂念。瑜伽功练至高深境界，全身关节灵活，控制由心，甚至能让人进入一种近似冬眠的状态，呼吸微弱。

◆ **作用**

　　瑜伽对人体的好处主要有三点：一是通过练习瑜伽达到减肥的目的，塑造合理的身材；二是通过练习瑜伽的自我修行过程，调节情绪，减缓压力；三是因练习瑜伽需要配合饮食和日常作息，这种自制的健康生活有助于改善睡眠质量，对于预防心脑血管疾病有非常大的益处。

举 重

举重,是一项抓举杠铃的运动,由双手抓举和双手挺举两个项目构成,体育竞赛中以举起的杠铃重量作为胜负依据。

◆ 起源

古希腊人为了锻炼体力,常会练习举石头,测验体力也会用举石头来分高低。古罗马人会用负重行军的方式来锻炼士兵的体力。在我国古代,测验一个武夫力量的大小也会用到相似的方法,如扛鼎、翘关、舞刀等。

◆ 项目历史

现代竞技举重运动始于 18 世纪,到该世纪末,举重运动已经在国际上兴起。最开始用作举重的道具都是些粗柄的哑铃和杠铃,十分笨重,不方便运动员操作,后来才逐渐改进成为如今杠铃的结构。1891 年,第一次世界举重锦标赛在伦敦莫尼科咖啡馆举行。1896 年,双手挺举被正式列入奥运会比赛项目。

◆ 方式

抓举：运动员将杠铃平行地放在两小腿前面，两手虎口相对撞杠，以一个连续动作把杠铃从举重台上举至两臂，在头上完全伸直。

挺举：运动员以一个连续动作把杠铃从举重台上提至肩际。两腿平行伸直保持静止状态。先屈腿预蹲，接着用伸腿伸臂动作将杠铃举起，至两臂完全伸直，两腿收回，平行保持静止。

拳　击

拳击是一项竞技运动，需要选手戴着拳击手套进行比赛。比赛以一方得分更多或击倒对方来评判胜负，得分的依据在于击中对手，所以比赛过程中选手要尽力避开对方的打击。

◆ **起源**

考古学家认为，古埃及是拳击运动的发源地。考古学家们发掘到的公元前 40 世纪的象形文字中，上面就记录着士兵们使用一种"皮绷带"作为护具进行拳击格斗。后来，拳击运动从古埃及传到了古希腊。

◆ 比赛规则

拳击比赛分为业余拳击比赛和职业拳击比赛,拳击选手必须装备拳击手套,如有需要还可佩戴头盔、护齿、护裆等装备。拳击运动员参与的比赛级别是以体重作为划分依据的。

◆ 中国拳击

拳击运动是在 20 世纪初传入我国的,时称"西洋拳"。拳击运动传入我国后首先在沿海城市盛行起来,其间还举办过不少拳击比赛。1946 年,上海举办过一场多国拳击比赛,我国选手周士彬和顾伯麟参加了此次比赛,分别获得轻量级和中量级冠军。

运动鞋

运动鞋，是人们为了运动方便而设计的一种鞋子。运动鞋适合运动或旅行穿着，与传统的皮鞋不同，其鞋底采用相对柔软的材料，富有弹性，能对脚步起到缓冲作用。出于不同运动的不同需求，有的运动鞋还有防水或防止脚踝受伤的设计。

◆ 发展史

1868 年，第一双运动鞋在美国诞生，它是一双帆布面橡胶底运动鞋。这双运动鞋现世之初并不讨喜，一是因为过去的美国人习惯了皮鞋，对于运动鞋奇怪的造型感到不适应；二是当时的橡胶工艺还不够完善，橡胶底的鞋子不耐穿。当时的大部分运动鞋只在运动员之间流通，直到 1924 年运动鞋才开始兴起。

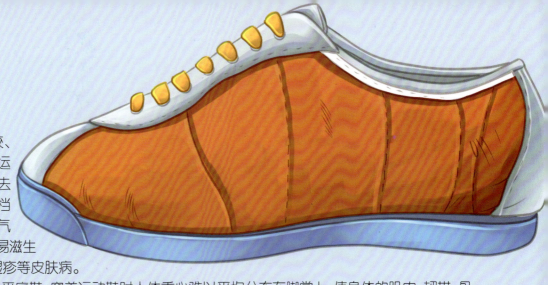

比起皮鞋，多以橡胶、尼龙作为鞋子原材料的运动鞋有一定的弊端。除去少数经过特殊处理的高档运动鞋外，许多运动鞋透气性差，这样运动鞋内就容易滋生真菌，导致脚癣、皮炎、湿疹等皮肤病。

另外，运动鞋是一种无根平底鞋，穿着运动鞋时人体重心难以平均分布在脚掌上，使身体的肌肉、韧带、骨骼和脊柱难以保持正常的位置。对于尚处于发育阶段的孩子而言，长期穿着运动鞋有害无益。

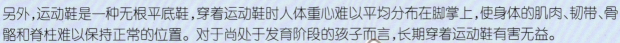

◆ **现状**

随着化工业的发展，运动鞋的设计和材质都在不断进步。人们不再局限于运动时穿着运动鞋，连日常生活都习惯于穿着轻便舒适的运动鞋。当今的运动鞋名目繁多，款式更新快，受到广大群众的喜爱。

◆ **作用**

书作为承载人类智慧和文化传承的工具，对人类文明的发展和传播起到了重要的作用，也是人类取得知识、交流情感的重要媒介。

书

书是人类用作记录的工具，在纸张尚未发明之前，人们用龟甲、兽皮、竹简、布等作书，记录、传播知识和经验。现代的书一般指以纸张为材料、装订成册、印刷有文字的纸张集合体。书对人类文明的发展与传承具有重要的意义。

◆ 发展

　　纸张诞生之前，中国的先祖们就地取材，用龟甲、石片、木片、兽皮等材料记录知识和经验。如我们在电视剧上看到的一样，我国古代的书籍，文字多是写在竹简和木牍上面，贵重的则是书写在丝织品上面。造纸术发明之后，人们以纸张作书。时至今日，人们不再局限于用纸质书传播知识，也可用电子书传播知识。

◆ 雕版印刷术

　　考古学家们曾在敦煌发现了一卷纸本《金刚经》，这是现今发掘到的最早的有明确纪年的印刷品。该卷《金刚经》被确定为9世纪的产物，其中字迹墨色鲜明，刀法圆熟，线条清晰挺劲，这说明我国在9世纪时的雕版印刷技术已经相当发达。雕版印刷术的发明和推广促进了文化知识的传播，在书籍发展史上是一个具有划时代意义的重要标志。

标点符号

标点符号作为书面语言的一部分，作用是辅助文字记录，用来表示停顿、语气，以及词语的性质，方便人们的阅读和认知书面内容。

◆ 相关故事

传说王勇和一个有钱有势的财主结了怨，财主为了报复他，故意将他聘为自家长工。有一天，财主和老婆下棋，对一旁的王勇说："咱们赌个输赢。你猜这盘棋谁赢？猜对了，赏你一个元宝；猜错了，抽你二十皮鞭。"王勇很爽快地答应了，随即写了"你赢她输"四个字。财主故意输给了老婆，立马就要抽王勇二十皮鞭。王勇念道："你赢她？输！"财主无话可说。第二盘，财主赢了老婆。王勇又把这四个字读了一遍："你赢，她输。"财主也没有办法，既没有打成王勇，又赔了元宝。

◆ 作用

　　标点符号作为书面语言的一部分,能使书面语言表达更清晰,语意更明确,帮助读者理解语意,是辅助阅读的重要工具。

◆ 发展

　　以前,写文章是不存在标点符号的,那时候的文章不仅读起来费力,还很容易让人误解文章意思。汉朝时出现了"句读"符号。一小段语义完整的内容定义为"句";句中语意未尽,语气可停顿的一段为"读"。宋朝时已经出现了"。"和","。明代又出现了人名号和地名号。进入 20 世纪后,我国开始借鉴西方的标点符号,逐渐制定出了适合中国文字的新式标点符号。

墨

墨，中国传统文房用具之一，是一种用于书画的黑色颜料，后泛指包括朱墨、彩墨在内的各种颜料。

◆古墨优点

相较于现代墨汁，传统的墨块优势明显，由墨块研磨而成的墨汁，用其写出的字迹可以留存很长时间，写出的字层次感强。部分好墨，色泽暗淡古朴，研磨成汁幽香宜人，书写出来的字迹千年不变，绘出的画清晰入目。

◆ 主要原料

　　墨条的原材料有很多,成分也比较复杂,制作墨常以松烟、煤烟、胶等作为主要原料,成品墨是碳元素以非晶质形态存在的。墨经过研磨后在水中形成胶体状的溶液,也就是用于书画的墨汁。

◆ 文献记载

　　古代对于墨的应用十分广泛,除了文人墨客以墨书写作画外,木工会用到墨绳,占卜会用到墨龟,刑罚会用到墨刑。据我国考古学家发掘出的文物证实,早在公元前 14 世纪,我国先祖就用到了墨,他们在骨器和石器上用墨书写涂画。《庄子》中记载有"舐笔和墨"句,说明在春秋战国时期,已经开始用墨和毛笔书写了。

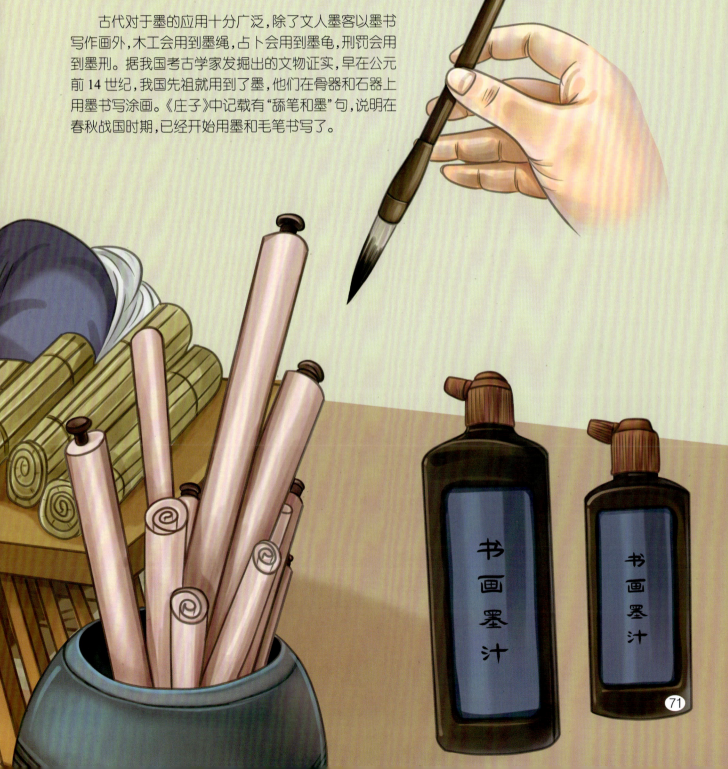

书画墨汁

书画墨汁

钢　琴

钢琴是一种键盘乐器,外文名为 Piano,它的全名应叫 Pianoforte。钢琴由 52 个白键和 36 个黑键,以及金属弦音板组成,有"乐器之王"的美称。

◆ 发明

世界上第一台钢琴,由意大利人克里斯托弗里(B. Cristofori)于 1710 年前后在佛罗伦萨制造出来,并发表了最早的钢琴图解和说明,当时取名为"弱和强"(Piano e forte)。

◆ 结构

现代钢琴的结构并不复杂,但十分精密,演奏时钢琴内部的一万多个零件协同工作。现在市场上的钢琴结构基本是一样的,主要由琴壳、支架、琴弦、键盘、止音器、琴槌、音板和踏板系统组成。

◆ 发展

1709 年,意大利人克里斯托弗里发明了用手进行控制踏板的钢琴。1783 年,布罗德伍德发明了用脚控制踏板的钢琴,并获得了专利。1821 年,法国巴黎人厄拉德,创造了具有双擒纵器的钢琴机械装置的固定形式。1855 年,斯坦威使钢琴变成了现在的形式。

◆ 特点

钢琴能被尊称为"乐器之王",是因为它音色多变,拥有宽广的音域,能演奏各种风格的乐曲,在独奏、合奏、伴奏上都有出色的表现力。

风琴

　　单看外表,风琴和钢琴相似,但风琴的发声原理和钢琴不同。风琴依靠空气压力使内部的自由簧片振动而产生声音。常见的风琴由一对脚踏板鼓动风箱,音质与管风琴相似。键盘上方有变换音色的音栓,可以随时调节音色。

◆ 起源

　　相传风琴的发明与我国的"笙"有着一定渊源。笙,是源自中国的簧管乐器,是世界上最早使用自由簧的乐器,而后有了排箫。风琴早期的祖先正是排箫,这是一种由人类吹气提供进气吹奏的乐器,后来有了风箱进气的方式。此后的一千年中革新了键盘,制作出了能够控制空气进入管子的栓塞,以及可随意"操纵"控制各排管子的机械,这时原始风琴的结构基本已经完善。

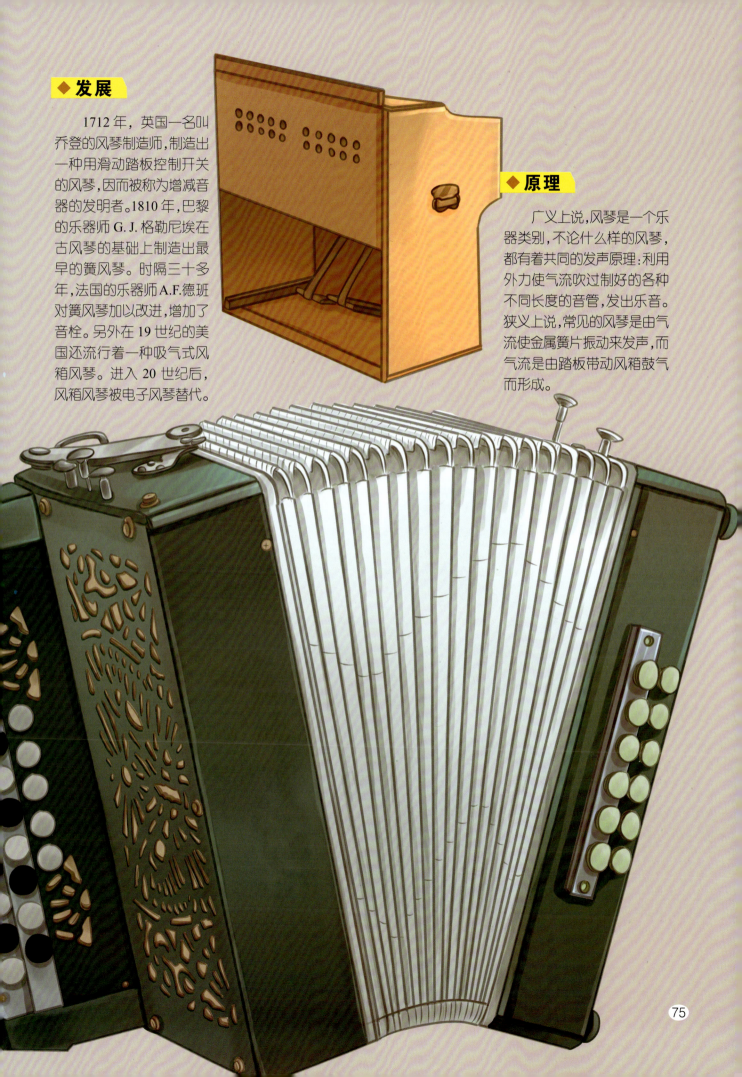

1712 年，英国一名叫乔登的风琴制造师，制造出一种用滑动踏板控制开关的风琴，因而被称为增减音器的发明者。1810 年，巴黎的乐器师 G. J. 格勒尼埃在古风琴的基础上制造出最早的簧风琴。时隔三十多年，法国的乐器师 A.F.德班对簧风琴加以改进，增加了音栓。另外在 19 世纪的美国还流行着一种吸气式风箱风琴。进入 20 世纪后，风箱风琴被电子风琴替代。

◆ 原理

广义上说，风琴是一个乐器类别，不论什么样的风琴，都有着共同的发声原理：利用外力使气流吹过制好的各种不同长度的音管，发出乐音。狭义上说，常见的风琴是由气流使金属簧片振动来发声，而气流是由踏板带动风箱鼓气而形成。

小提琴

小提琴是一种有着四根琴弦的弦乐器，靠弓和弦摩擦发声，是音乐演奏、音乐创作中常会出现的主要乐器之一。独奏、合奏、伴奏，小提琴都有很不错的表现力，与钢琴、古典吉他并称为"世界三大乐器"。

◆ 发明

原始小提琴的起源已不可考，现代小提琴的起源是 16—18 世纪的意大利。那个时期的欧洲正处于文艺复兴时期，当时一位名叫玛基尼的制琴师选用阿尔卑斯山纹理细腻均匀的云杉木加工后制成小提琴，其质地很轻，音质浑厚圆润。他将早期的"微奥里"上的音阶格子除去，在光木头上装上四条弦，这就是现代小提琴的结构。

◆ 相关故事

很久很久以前，有个名叫美尔古里的男子漫步在夏天的尼罗河畔，无意之中踢到了一只乌龟，龟壳竟发出了异常悦耳的声音。美尔古里感到很奇怪，乌龟怎能发出像乐器一样的声音呢？他带着好奇的心理，好好研究了一番这只乌龟，最终发现声音是由于壳内的空气受振动后产生的。于是，他根据乌龟壳受振动而发音的原理，制造了世界上第一把小提琴。

◆ 结构

小提琴的琴身又名共鸣箱，长度在 35.5 厘米左右，主要由面板、侧板和背板组合而成。面板常选用质地较软的木材，背板和侧板则选用质地较硬的木材。另外小提琴结构还包括琴头、琴颈、弓子和弦等。